İlginç Mikroskobik Canlılar

TÜBİTAK
POPÜLER BİLİM KİTAPLARI

TÜBİTAK Popüler Bilim Kitapları 746

İlginç Mikroskobik Canlılar
Microscopic Scary Creatures
Ian Graham
Resimleyenler: Carolyn Scrace, Janet Baker, Julian Baker, John Francis
Tasarım: David Salariya
Görsel Araştırmacı: Mark Bergin, Carolyn Franklin
Orijinal Kitabın Editörü: Jamie Pitman
Orijinal Kitabın Editör Yardımcıları: Rob Walker
Çeviri: Dr. Zeynep Çanakcı
Redaksiyon: Özden Hanoğlu

Microscopic Scary Creatures © The Salariya Book Company Limited, 2009
Türkçe Yayın Hakkı © Türkiye Bilimsel ve Teknolojik Araştırma Kurumu, 2013

Bu kitabın bütün hakları saklıdır. Yazılar ve görsel malzemeler,
izin alınmadan tümüyle veya kısmen yayımlanamaz.

TÜBİTAK Popüler Bilim Kitapları'nın seçimi ve değerlendirilmesi
TÜBİTAK Kitaplar Yayın Danışma Kurulu tarafından yapılmaktadır.

ISBN 978 - 605 - 312 - 032 - 2
Yayıncı Sertifika No: 15368

1. Basım   Eylül   2015 (5000 adet)
2. Basım   Temmuz 2019 (7500 adet)

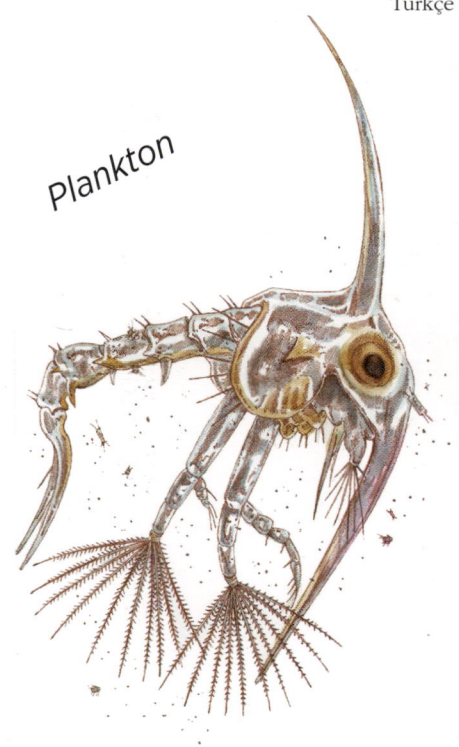
Plankton

Genel Yayın Yönetmeni: Bekir Çengelci
Mali Koordinatör: Adem Polat
Telif İşleri Sorumlusu: Dr. Zeynep Çanakcı

Yayıma Hazırlayan: Umut Hasdemir
Grafik Tasarım Sorumlusu: Ayşe Taydaş Battal
Sayfa Düzeni: Kutberk Kargın
Basım İzleme: Duran Akca

TÜBİTAK
Kitaplar Müdürlüğü
Akay Caddesi No: 6 Bakanlıklar Ankara
Tel: (312) 298 96 51 Faks: (312) 428 32 40
e-posta: kitap@tubitak.gov.tr
esatis.tubitak.gov.tr

Salmat Basım Yayıncılık San. ve Tic. Ltd. Şti.
Büyük Sanayi 1. Cad. No: 95/1 İskitler Altındağ Ankara
Tel: (312) 341 10 24 Faks: (312) 341 30 50
Sertifika No: 26062

İçindekiler

Mikroskobik canlılar nedir?	4
Mikro-canlılar nerede yaşar?	6
Minik canlılar nasıl dolaşır?	8
Pirelerin neden altı bacağı vardır?	10
Mikro-canlılar ne yer?	12
Mikro-canlılar ne kadar yaşar?	14
Bu kadar küçük canlılar bizi ısırabilir mi?	16
Bu kadar minik ısırıklar neden bu kadar çok kaşındırır?	18
Mikro-canlılar tehlikeli midir?	21
Avlarını nasıl bulurlar?	22
Mikro-canlılar bitkilere ne yapar?	24
Larva nedir?	27
Mikroskobik canlılar bizim için faydalı olabilir mi?	28
Mikroskobik gerçekler	30
Sözlük	31
Dizin	32

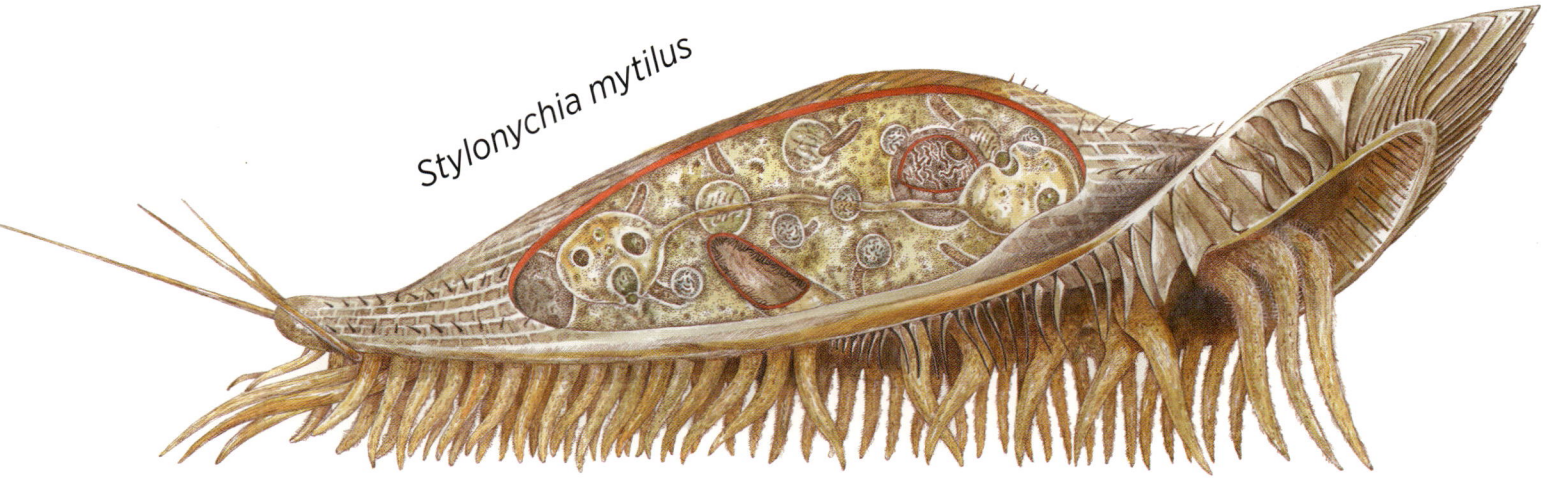

Stylonychia mytilus

Mikroskobik canlılar nedir?

Yiyecek parçaları bu yoldan gider

Siller

Stentor polymorphus (kesit görünüşü)

Mikroskobik canlılar çok küçüktür. Bazıları o kadar küçüktür ki sadece **elektron mikroskobu** gibi güçlü **mikroskop**larla görülebilir. Kimi mikroskobik canlılar sadece çıplak gözle görülebilir büyüklüktedir ancak, onları net olarak görmek için bir mikroskoba ihtiyaç duyabilirsiniz.

Bu canlılar çok küçük olmasına rağmen, bazıları başka bir dünyada yaşayan canlılara benzer. Bu mikro-canlıların en küçüğü **protozoa**dır. Protozoalar sadece tek hücreli canlılardan oluşur.

Stentor polymorphus, **tatlı suda** yaşayan borazan şekilli bir protozoadır (tek hücreli hayvan). Sadece 1,2 mm uzunluğundadır. **Sil** adı verilen kısa tüylerle kaplıdır. Borazanın ağzındaki siller ileri-geri vurarak yiyecek parçalarını borazanın içine doğru süpürürler.

Geyik Kenesi
(2 mm uzunluğunda)

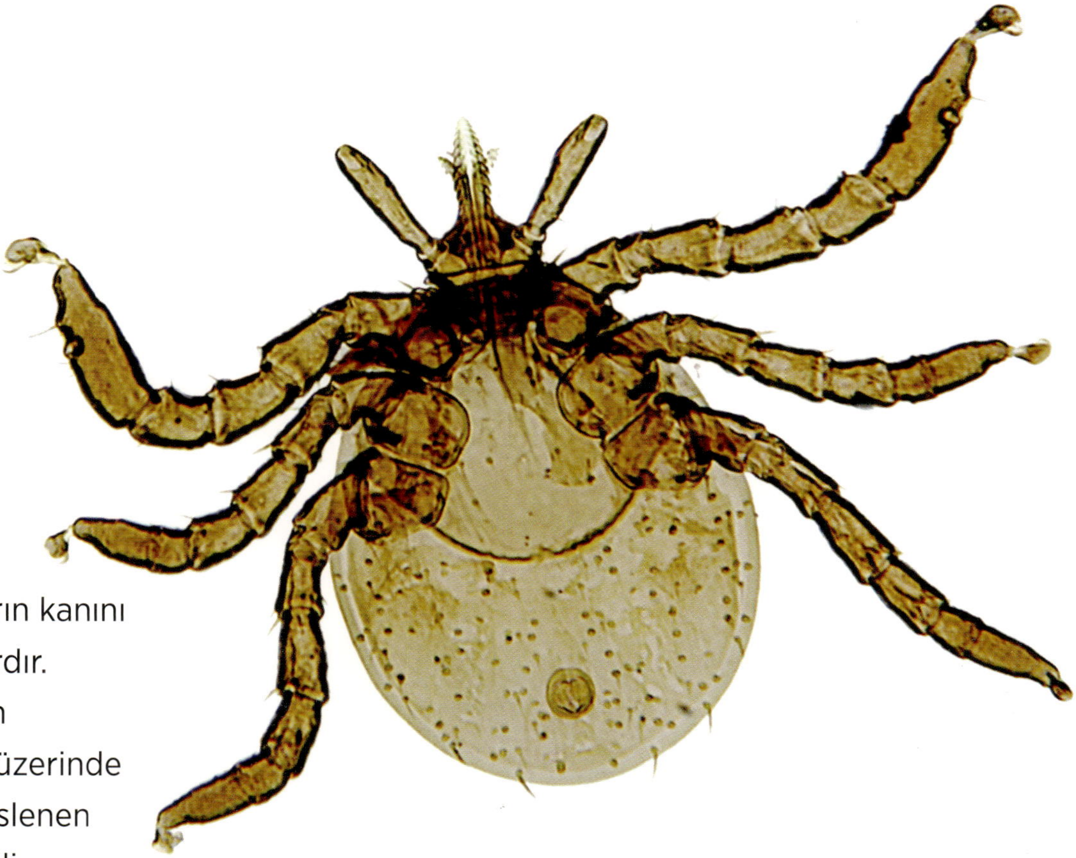

Keneler diğer hayvanların kanını emen çok küçük canlılardır. Bazı keneler insanlardan beslenir! Başka canlılar üzerinde yaşayan ve onlardan beslenen canlılara **parazit** adı verilir.

Akarlar bir milimetre uzunluğundan daha küçük ve sürünen canlılardır. Çoğu çok daha küçüktür. Şayet onları görebilirseniz minik siyah noktalara benzerler.

Akarların ve kenelerin vücutlarının dış kısmında, küçük bir yengecinkine benzeyen iskeletleri bulunur. Bunlara **dış iskelet** denir. Dış iskelet, akarların ve kenelerin vücutlarının içindeki yumuşak kısımları korur. Bir dış iskelete sahip olmak, onları dirençli küçük canlılar yapar.

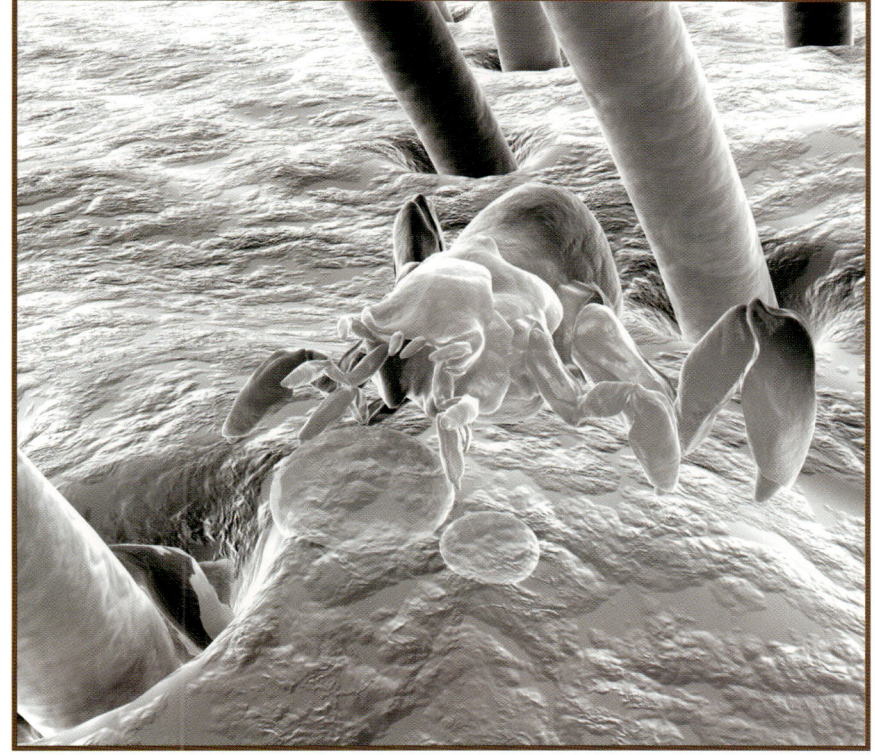

Akarın elektron mikroskobu altındaki görünüşü.

Mikro-canlılar nerede yaşar?

Mikroskobik canlılar neredeyse her yerdedir. Denizde, gölde, toprakta, bahçe bitkilerinde ve ormanlarda yaşarlar. Çamurlu bataklıklarda ve tozlu, kuru çöllerde yaşarlar. Mikroskobik canlılar dağların zirvesinde ve buzlu kutuplarda bile bulunur. Hatta evinizde ve vücudunuzda bile yaşarlar ama çoğu o kadar küçüktür ki onları fark etmezsiniz.

Toz akarları, evlerimizdeki tozda ve toz topaklarında yaşarlar.

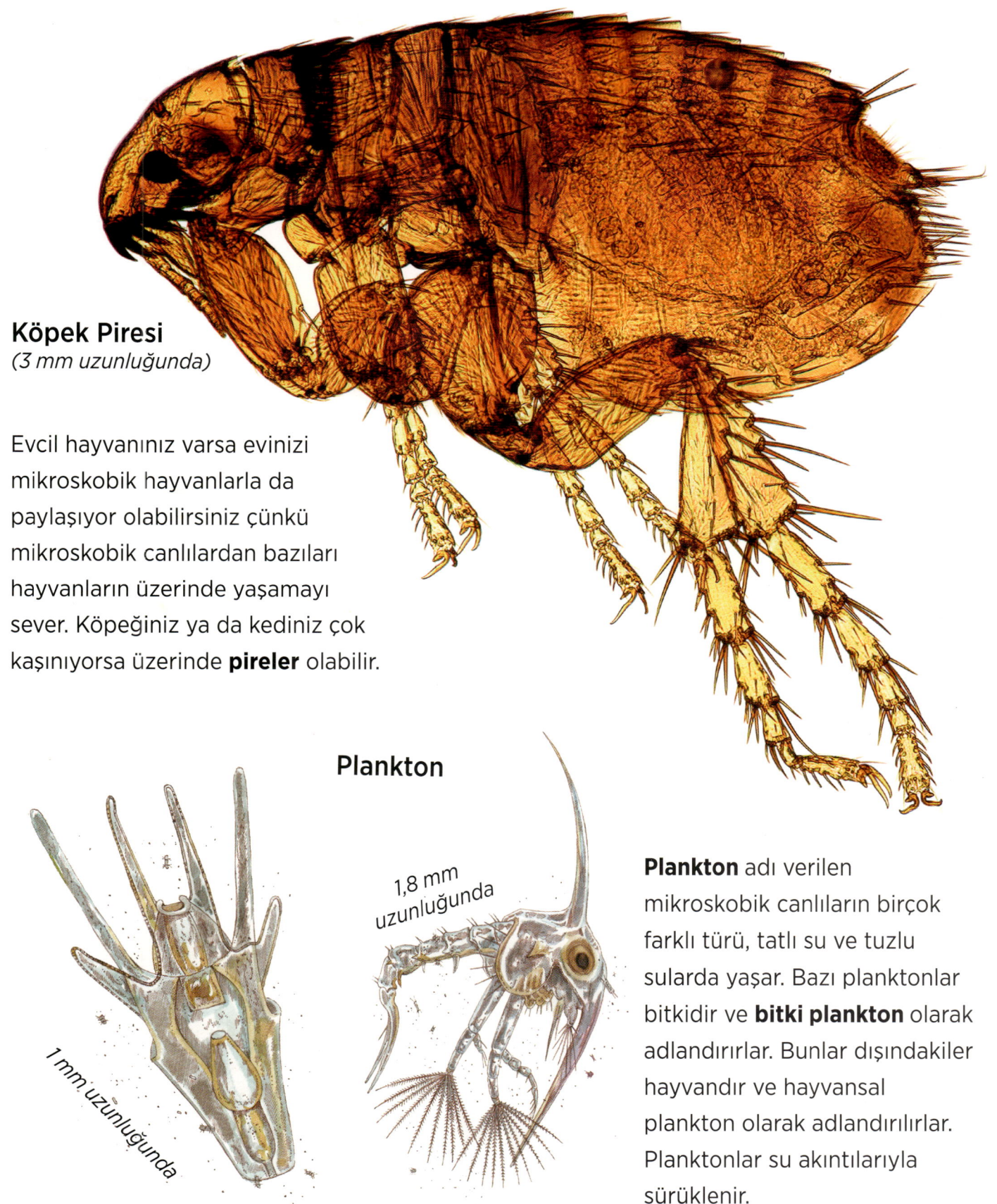

Köpek Piresi
(3 mm uzunluğunda)

Evcil hayvanınız varsa evinizi mikroskobik hayvanlarla da paylaşıyor olabilirsiniz çünkü mikroskobik canlılardan bazıları hayvanların üzerinde yaşamayı sever. Köpeğiniz ya da kediniz çok kaşınıyorsa üzerinde **pireler** olabilir.

Plankton

1 mm uzunluğunda

1,8 mm uzunluğunda

Plankton adı verilen mikroskobik canlıların birçok farklı türü, tatlı su ve tuzlu sularda yaşar. Bazı planktonlar bitkidir ve **bitki plankton** olarak adlandırırlar. Bunlar dışındakiler hayvandır ve hayvansal plankton olarak adlandırılırlar. Planktonlar su akıntılarıyla sürüklenir.

Minik canlılar nasıl dolaşır?

Çoğu mikroskobik canlı, yiyecek avlayabilmek ve tehlikeden kaçabilmek için sürekli hareket eder. Çoğu yürüyerek gezinir.

Pireler iyi bir zıplayıcıdır. Yanlarından geçen bir hayvanın üstüne atlamak ya da hızlıca kaçmak için aniden zıplayabilirler.

Suda yaşayan bazı mikroskobik canlılar yüzebilir ama bazıları da hiç kımıldamaz. Bir noktada dururlar ve suda sürüklenen yiyeceklerin onlara ulaşması için beklerler.

Tekerlekli hayvanlar ölçüleri 0,04 mm ile 2 mm arasında değişen, yaklaşık 1000 hücreden oluşan minik canlılardır. Ağızları, midelerine kadar inen sillerle (tüylerle) çevrilidir. Bazı tekerlekli hayvanlar ortalıkta gezinir, bazılarıysa bir taşa yapışıp tek bir yerde durur.

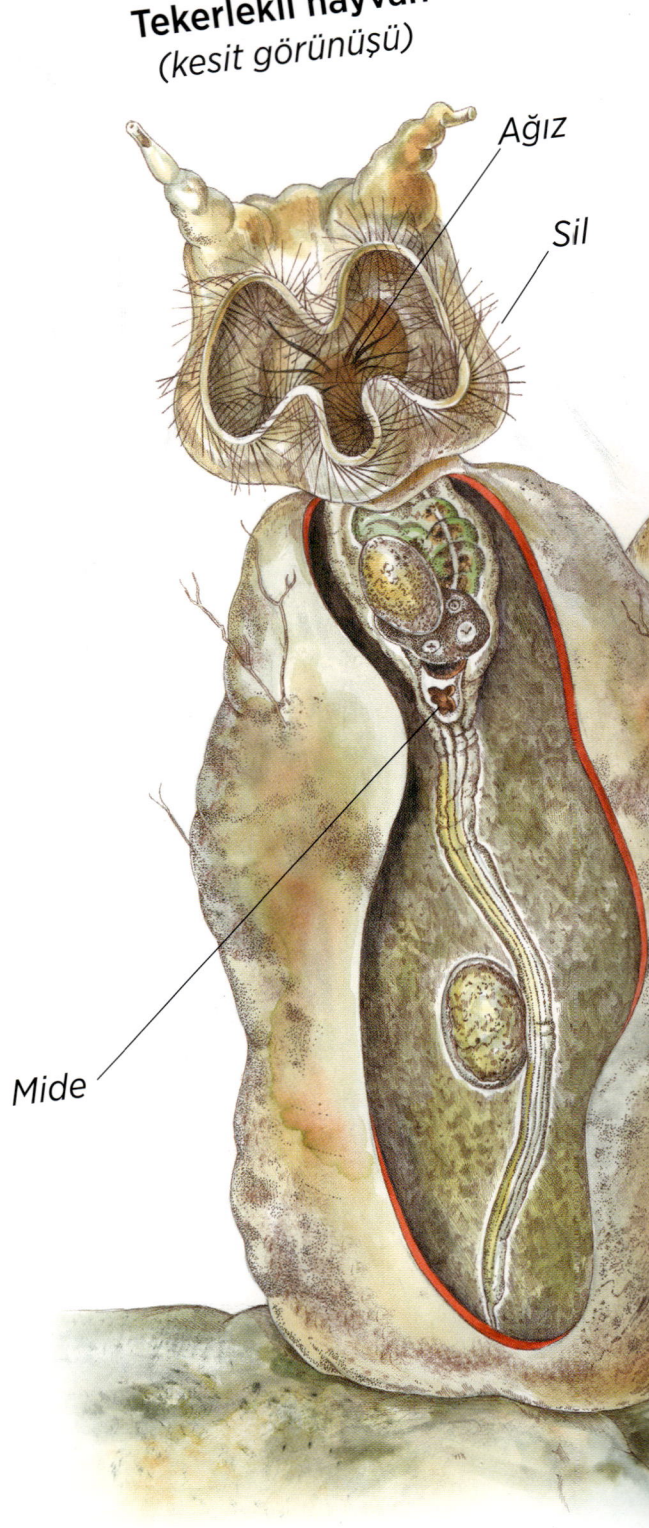

Tekerlekli hayvan
(kesit görünüşü)

Ağız

Sil

Mide

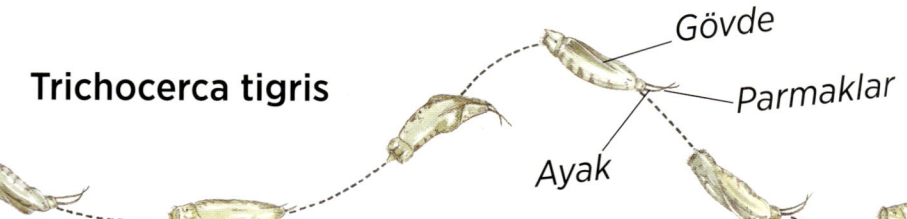

Trichocerca tigris

Gövde
Parmaklar
Ayak

Tekerlekli hayvanlar, tüy benzeri sillerini çırparak yüzerler. *Trichocerca tigris* (0,2 mm) gibi kimi tekerlekli hayvanlar, beslenirken kendilerini bir yerlere sabitlemek için kullandıkları parmaklara sahiptir.

Tekerlekli hayvan adı, canlının benzediği biçimden gelir. Ağzının etrafındaki çırpınan tüylerden yansıyan ışık tekerlekli hayvanın dönen minik bir tekerlek gibi görünmesine neden olur.

Biliyor muydunuz?
Bir pire 30 santimetreden daha fazla zıplayabilir. Bu bir insanın 300 metre zıplaması gibidir! Bir pire saatte 600 kere zıplayabilir.

En minik canlılar nasıl yürür?

Bazı mikroskobik canlılar, sillerini minik ayaklar gibi kullanırlar. *Stylonychia mytilus* (0,15 mm) adındaki canlı, su birikintilerinin dibinde yürümek için sil demetlerini kullanır. Ayrıca, *Stylonychia mytilus* yüzmek için de sil demetlerini kullanır.

Stylonychia mytilus (kesit görünüşü)

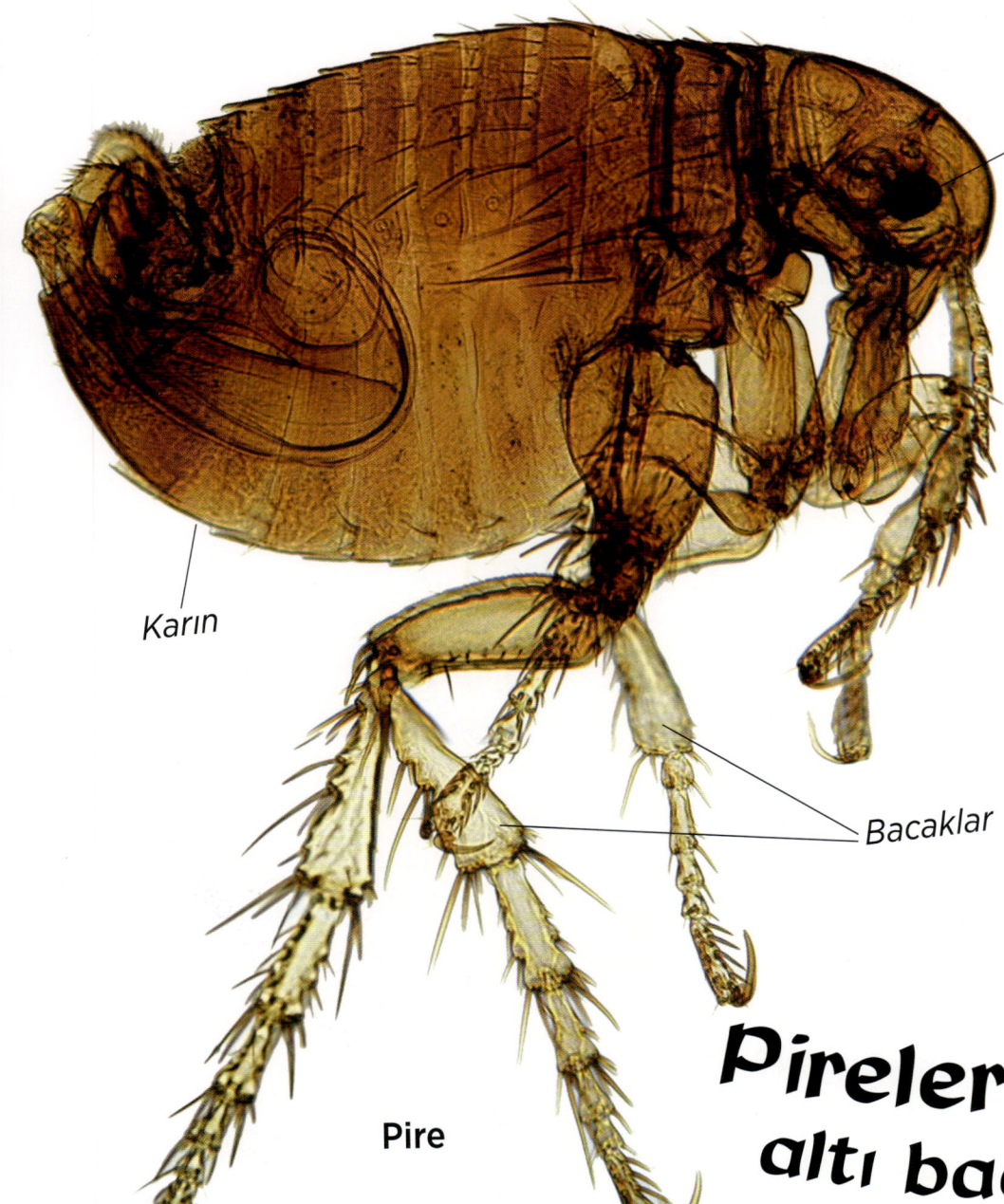

Göz

Karın

Bacaklar

Pire

Bir böceğin bacakları, sizinkine kıyasla içten dışa doğrudur! Pirenin iskeleti dışarıda, kaslar ve organları ise içeridedir. Bu yüzden pirenin bacakları, içinde kaslar olan sert borulardır.

Pirelerin neden altı bacağı vardır?

Pireler altı bacaklıdır çünkü onlar **böcek**tir ve kınkanatlılar, sinekler, arılar gibi tüm böceklerin altı bacağı vardır. Örümcekler ve onlarla akraba olan akarlar ile keneler, hepsi sekiz ayaklı olan, **örümceğimsiler** adı verilen bir canlı grubuna aittir.

Bazı mikroskobik canlılar fazladan bacakları varmış gibi görünür ancak bunların hiçbiri aslında bacak değildir. Canlının ağzının kenarındaki bacak benzeri kısımlar **dokunaçlar** olarak adlandırılır. Dokunaçlar yiyecekleri hissetmek ve onları tatmak için kullanılır.

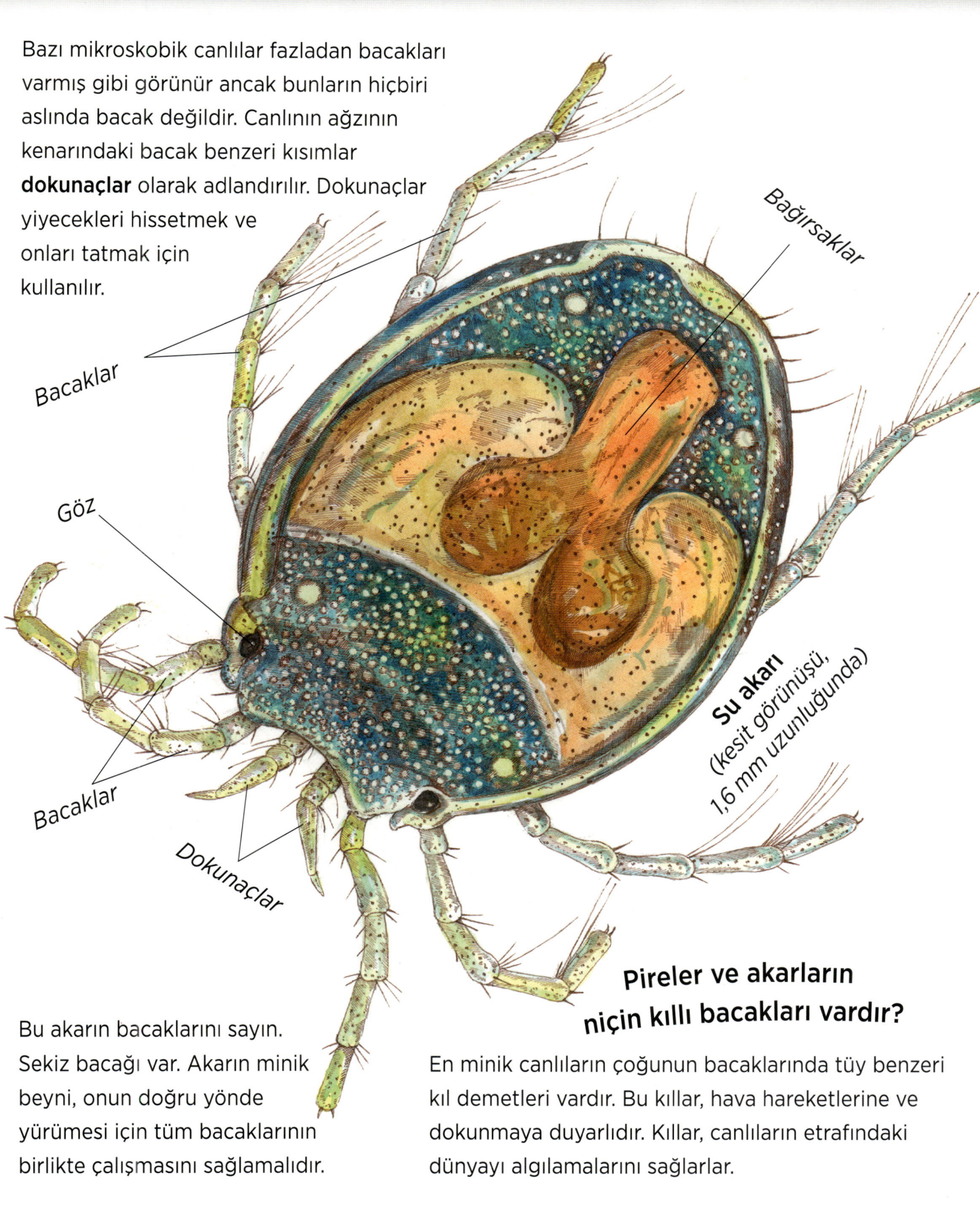

Su akarı (kesit görünüşü, 1,6 mm uzunluğunda)

Bu akarın bacaklarını sayın. Sekiz bacağı var. Akarın minik beyni, onun doğru yönde yürümesi için tüm bacaklarının birlikte çalışmasını sağlamalıdır.

Pireler ve akarların niçin kıllı bacakları vardır?

En minik canlıların çoğunun bacaklarında tüy benzeri kıl demetleri vardır. Bu kıllar, hava hareketlerine ve dokunmaya duyarlıdır. Kıllar, canlıların etrafındaki dünyayı algılamalarını sağlarlar.

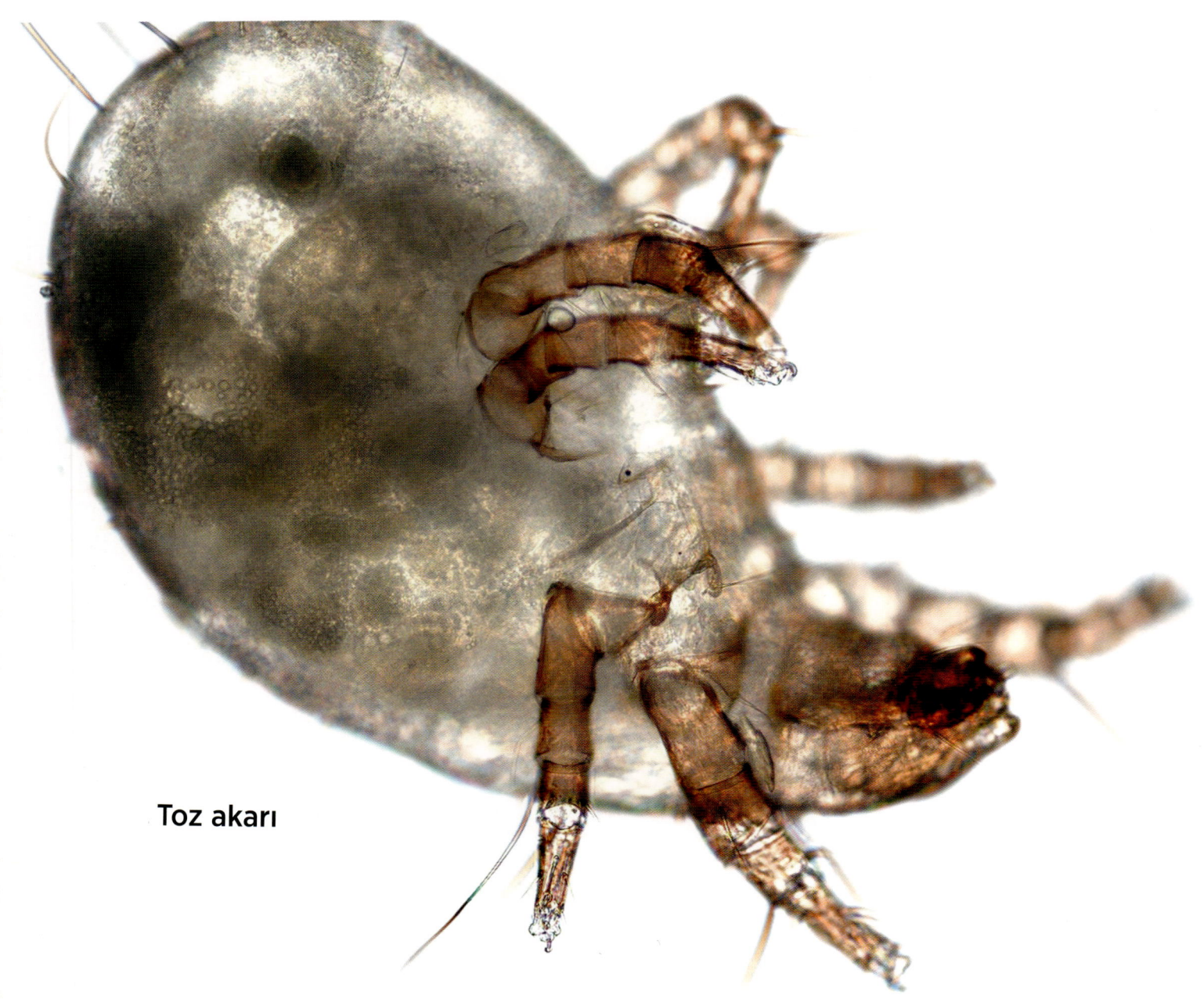

Toz akarı

Mikro-canlılar ne yer?

Minik canlılar minik şeyleri yer. Toz akarları evinizdeki tozlarda buldukları deri döküntülerini yer. Pek çok mikroskobik canlı bitkilerle beslenir. Kimisinin yaprakları tamamen çiğnemek için keskin dişli çeneleri varken kimilerinin de bitkilere delik delip bitki özlerini emmek için iğneye benzeyen ağızları vardır.

Avcı hayvan nedir?

Avcı hayvanlar yiyecek için diğer canlıları avlayıp öldüren canlılardır. Kimi mikroskobik canlılar avcıdır. *Actinosphaerium eichhornii* avcı bir hayvandır. Sadece 0,8 mm boyunda, birçok dikenli kolları olan ve büyük yuvarlak şekilli bir hücredir. Tatlı su birikintileri ve göllerde kollarıyla yiyecek parçalarına yapışıp onları sindirerek dolanır.

Actinosphaerium eichornii
(kesit görünüşü)

Kan Emiciler nasıl beslenir?

Pire ve kenelerin bir hayvanın derisini kesebilecek kadar güçlü ve keskin ağız kısımları vardır. Sonra kanı emerler.

Biliyor muydunuz?
Bir kedi piresi, kendi vücut ağırlığının 15 katı kadar kanı, kediden sadece bir günde emebilir.

Mikro-canlılar ne kadar yaşar?

Küçük canlılar genellikle büyük canlılardan daha kısa yaşar ve çok küçük canlıların hiçbiri uzun yaşamaz. Mikroskobik canlıların çoğu sadece birkaç hafta ya da birkaç ay yaşar.

Saç biti olarak adlandırılan minik parazitler sadece bir ay kadar yaşar ama bu kısa sürede 300 yumurta yumurtlayabilirler. Pirelerin ve toz akarlarının çoğu sadece 3 ay kadar yaşar. Oysa keneler birkaç ayla iki yıl arasında yaşayabilir.

Su ayıları nedir?

Su ayıları, yaklaşık 1 mm uzunluğunda ve tatlı suda yaşayan minik canlılardır. Eğer vücutlarındaki su tükenir ve kurularsa, uzun yıllar dayanabilir ve su geri geldiğinde tekrar hayata dönebilirler.

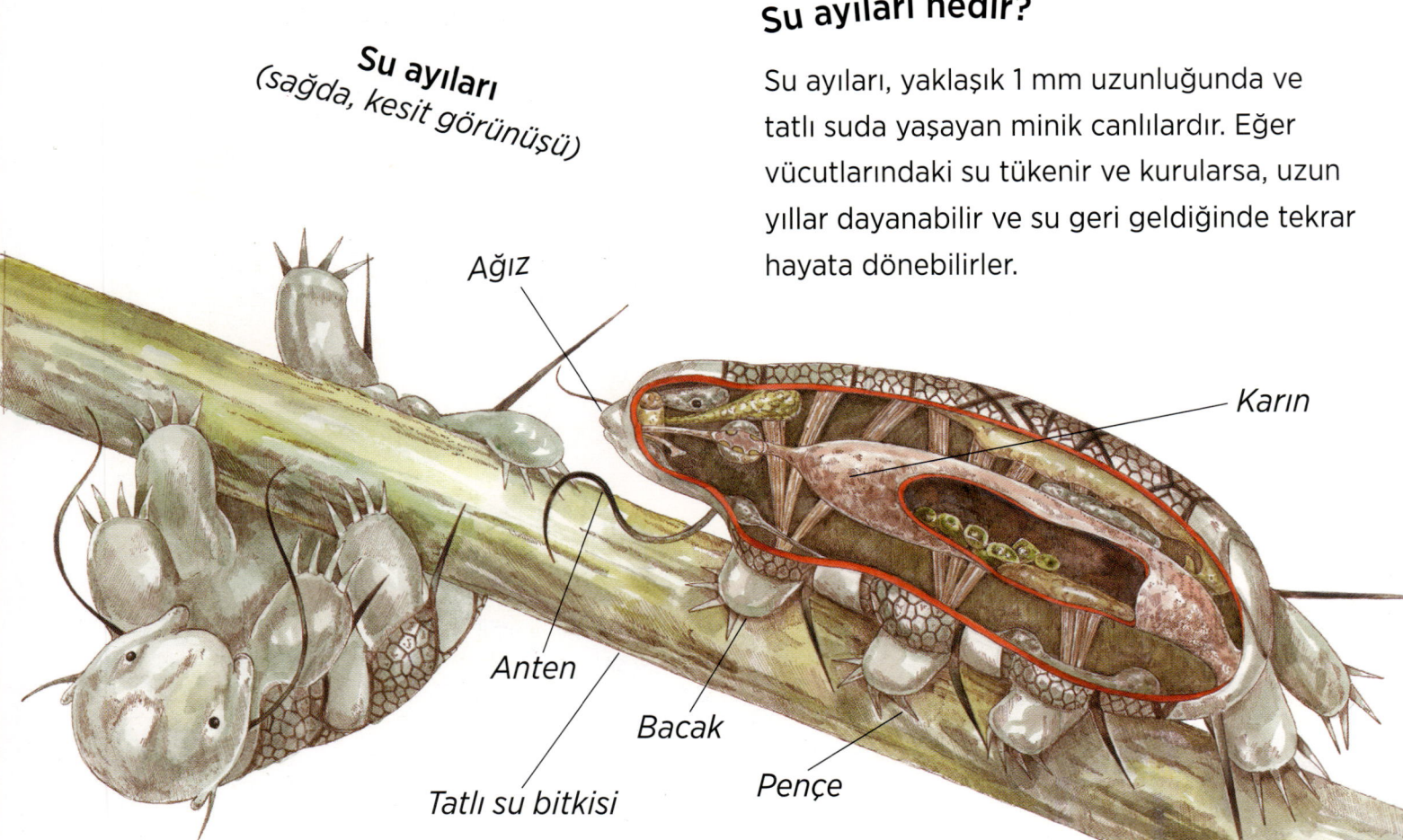

Su ayıları (sağda, kesit görünüşü)

Ağız
Karın
Anten
Bacak
Pençe
Tatlı su bitkisi

Biliyor muydunuz?

Kurumuş su ayıları bir uyduyla uzay istasyonuna gönderildiğinde, uzayın **oksijensiz boşluğunda** hayatta kalmayı başarabilen ilk hayvanlar olarak, zarar görmemiş biçimde döndüler.

Su ayısı ne kadar yaşar?

Bir su ayısının yaşam uzunluğu, yaşadığı suyun sıcaklığına bağlıdır. 20°C'de 7-8 hafta kadar yaşar. Daha soğuk sularda, su ayısının kalbi daha yavaş atar ve daha uzun yaşar.

Kedi pireleri kedileri nasıl bulur?

Yetişkin bir kedi piresi bir **kozadan** çıkar. Kedi piresi kozasından çıkmayı yakınlarına bir kedi gelene kadar birkaç ay geciktirebilir. Yakınındaki bir kedinin sıcaklığını ya da kedinin adımlarının titreşimini hissettiğinde pire hızlıca kozadan çıkar, kedinin üzerine zıplar ve onun kanını emmeye başlar.

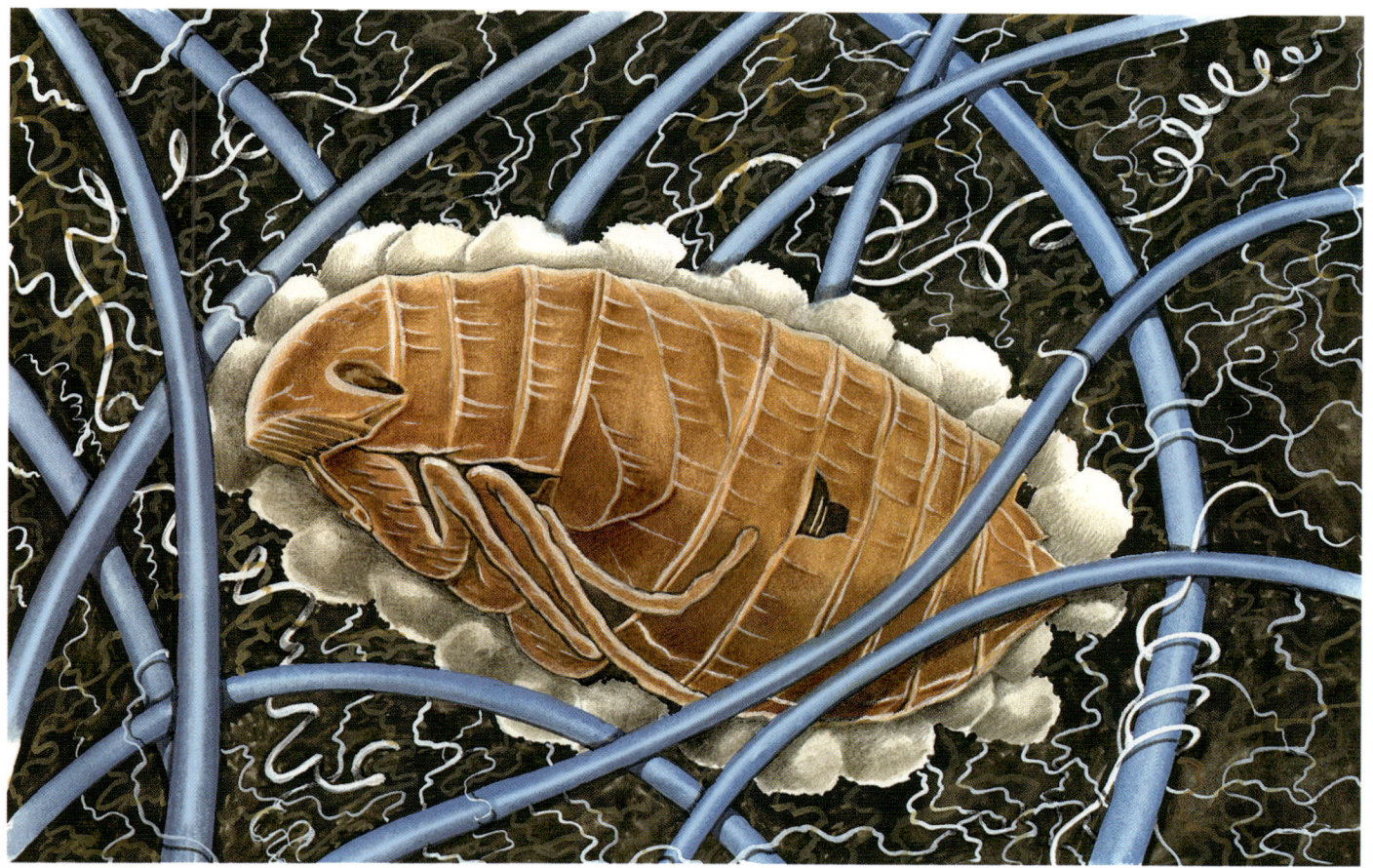

İpek kozasında bir kedi piresi.

Bu kadar küçük canlılar bizi ısırabilir mi?

Her hayvan pire, bit, uyuz böceği ya da diğer mikroskobik canlılar gibi kendine özgü bir parazite sahiptir. Üzerinde parazit yaşayan hayvan **konakçı** olarak adlandırılır. Pirelerin, bitlerin ve uyuz böceklerinin sadece insan üzerinde yaşayan ve çoğu da insanları ısıran türleri vardır. Onlar derinizi soymak ya da kanınızı emmek için sizi ısırır!

Kedi ve köpek pireleri de insanları ısırabilir ancak kedileri ve köpekleri ısırmadıkça yumurtlamazlar. Pireler doğru tür kanla beslenmek zorundadır.

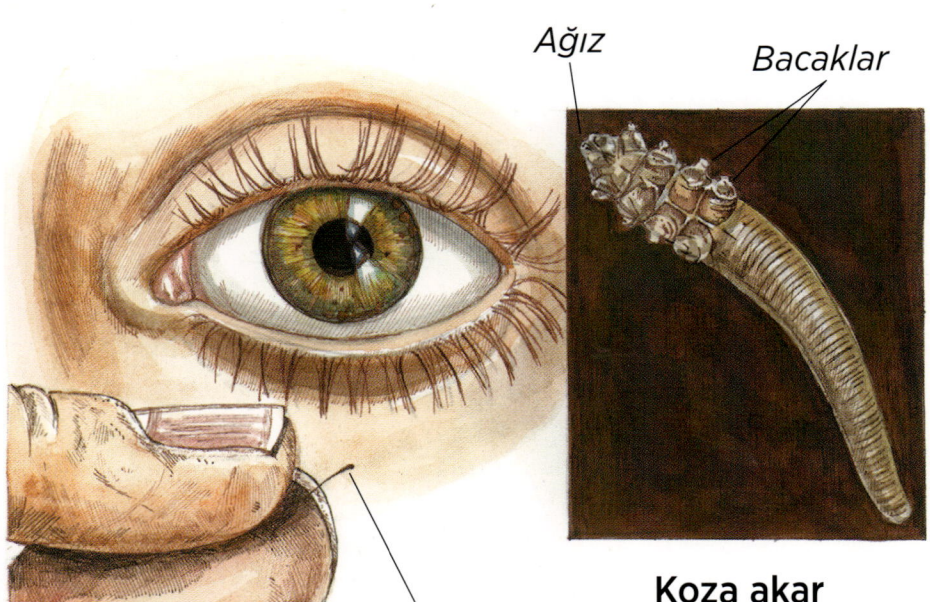

Ağız *Bacaklar* *Kirpik*

Koza akar

Uzun ince koza akarları (0,2-0,3 mm uzunluğunda) deride tüylerin çıktıkları delikler olan köklerin içinde yaşarlar. Deri hücreleri ve tüy köklerinin ürettiği sebum adı verilen yağlı maddelerle beslenirler, yani ısırmak zorunda değildirler. Çoğunlukla insanların yüzünde ve kafasında, özellikle de kirpik köklerinde yaşarlar.

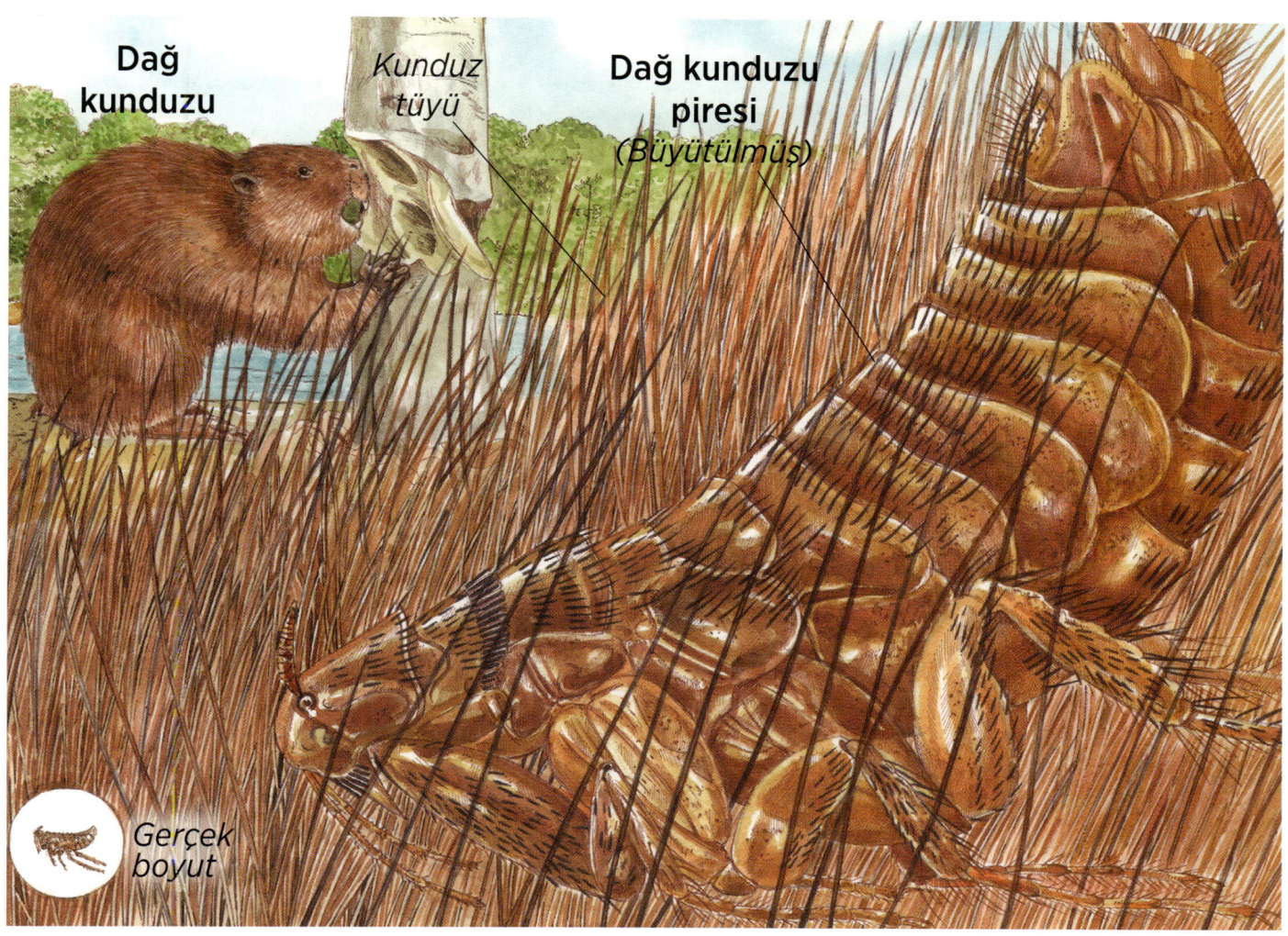

Dağ kunduzu
Kunduz tüyü
Dağ kunduzu piresi
(Büyütülmüş)

Gerçek boyut

Biliyor muydunuz?

2.000'den fazla pire **türü** vardır. Kuzey Amerika'daki kedi pireleri hem kedi hem de köpeklerde bulunur. Köpek pireleri Avrupa'da daha yaygındır.

Pirelerin çoğu 2-3 mm uzunluğundadır. Bu minik canlılar tarafından saldırıya uğramak oldukça kötüdür, ancak bir de dağ kunduzlarını düşünün.

Dağ kunduzları Kuzey Amerika'nın batı sahillerinde yaşar. Dünyanın en büyük pirelerinin konakçısıdır. *Hystrichopsylla scheffeferi* olarak adlandırılan ve 12 mm uzunluğundaki bu pire, diğer pirelerin 4-6 katı büyüklüğündedir!

Bu kadar minik ısırıklar neden bu kadar çok kaşındırır?

X-ışını görüntü
Yandaki sayfayı ışığa tutun ve derinin altında ne olduğunu görün. İçinde ne olduğunu görün.

Pire ve kene ısırıkları bir iğne ucundan daha büyük değildir ama çok kızarır, şişer ve ağrıyabilir.
Kaşıntı ve ağrıya sebep olan ısırık değildir.
Soruna sebep olan şey canlının salyası ya da tükürüğüdür.
Uyuz akarları insan derisinde delikler açan canlılardır. Deriyi delerken onu yerler ve salyaları korkunç bir kaşıntıya neden olur.

Keneler genellikle evcil ve yabani hayvanlarla beslenen kan emici canlılardır. Ancak insanları da ısırabilirler. Kene ısırığı genellikle hafif bir kaşıntıya sebep olur ama kimileri daha ağrılı tepki gösterebilir.

İnsan derisinden çıkartılmakta olan bir kene.

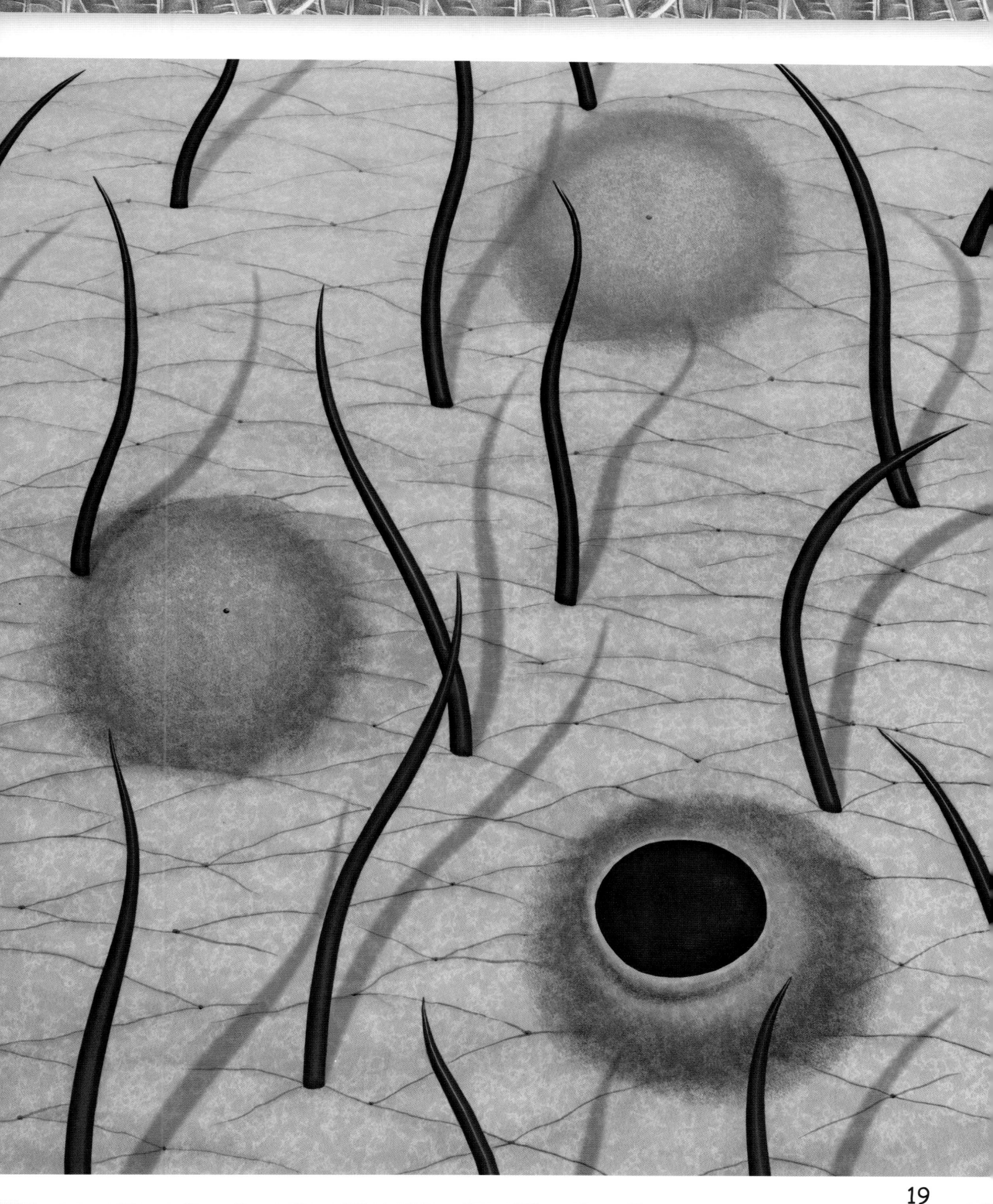

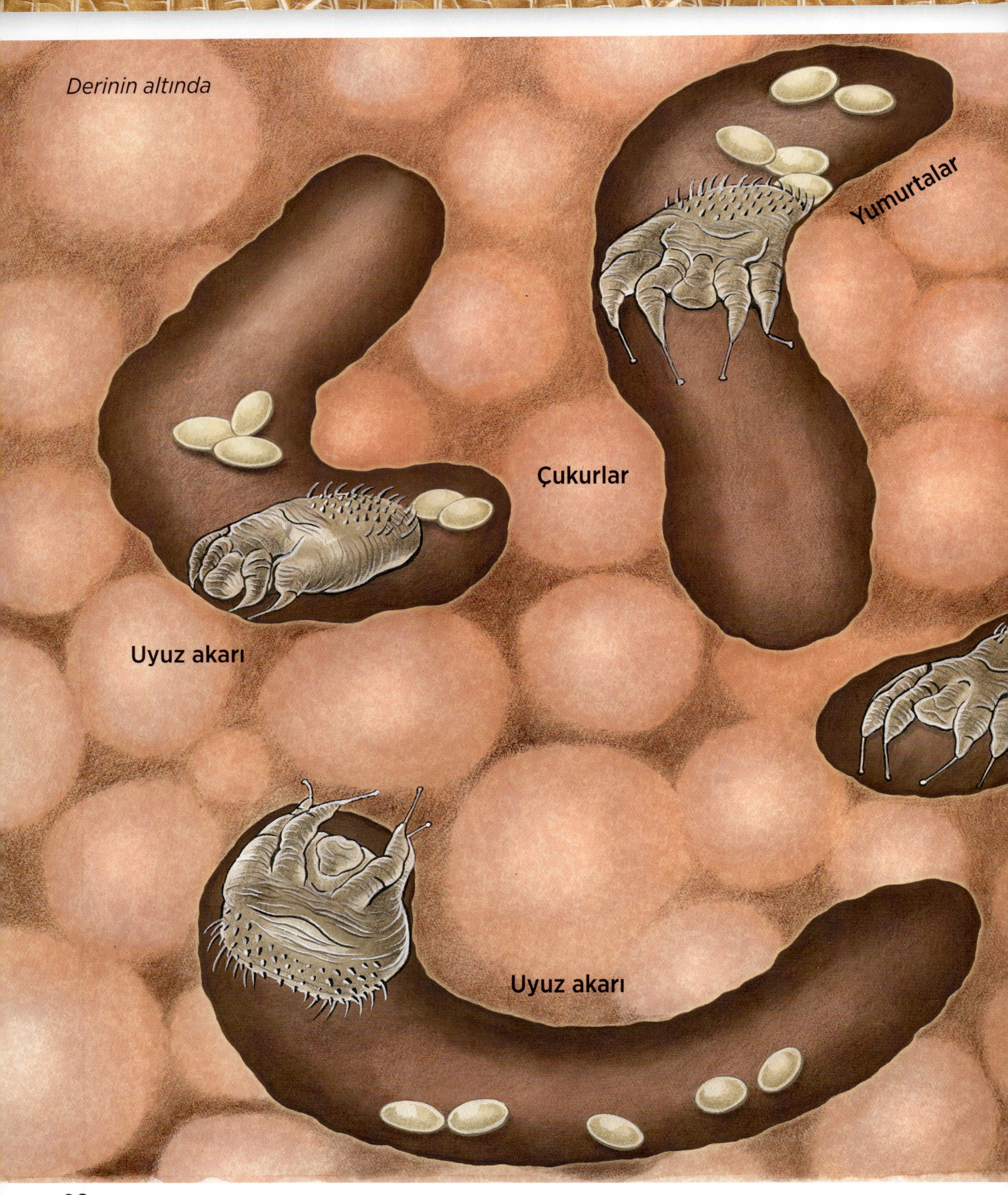

Mikro-canlılar tehlikeli midir?

Bazı mikroskobik canlılar hastalıklara sebep olduklarından hem insanlar hem de hayvanlar için tehlikelidir. Sivrisinek ısırığıyla yayılan, sıtma paraziti olarak adlandırılan küçük organizmalar sıtma adı verilen ciddi bir hastalığa neden olur. Çeçe sineğinin ısırığıyla yayılan parazitler uyku hastalığı adı verilen bir diğer ciddi hastalığa yol açar.

Biliyor muydunuz?

Her yıl tüm dünyada 500 milyon kadar insan sivrisinek ısırığıyla yayılan hastalıklara yakalanır. Bu insanların yaklaşık 3 milyonu ölür.

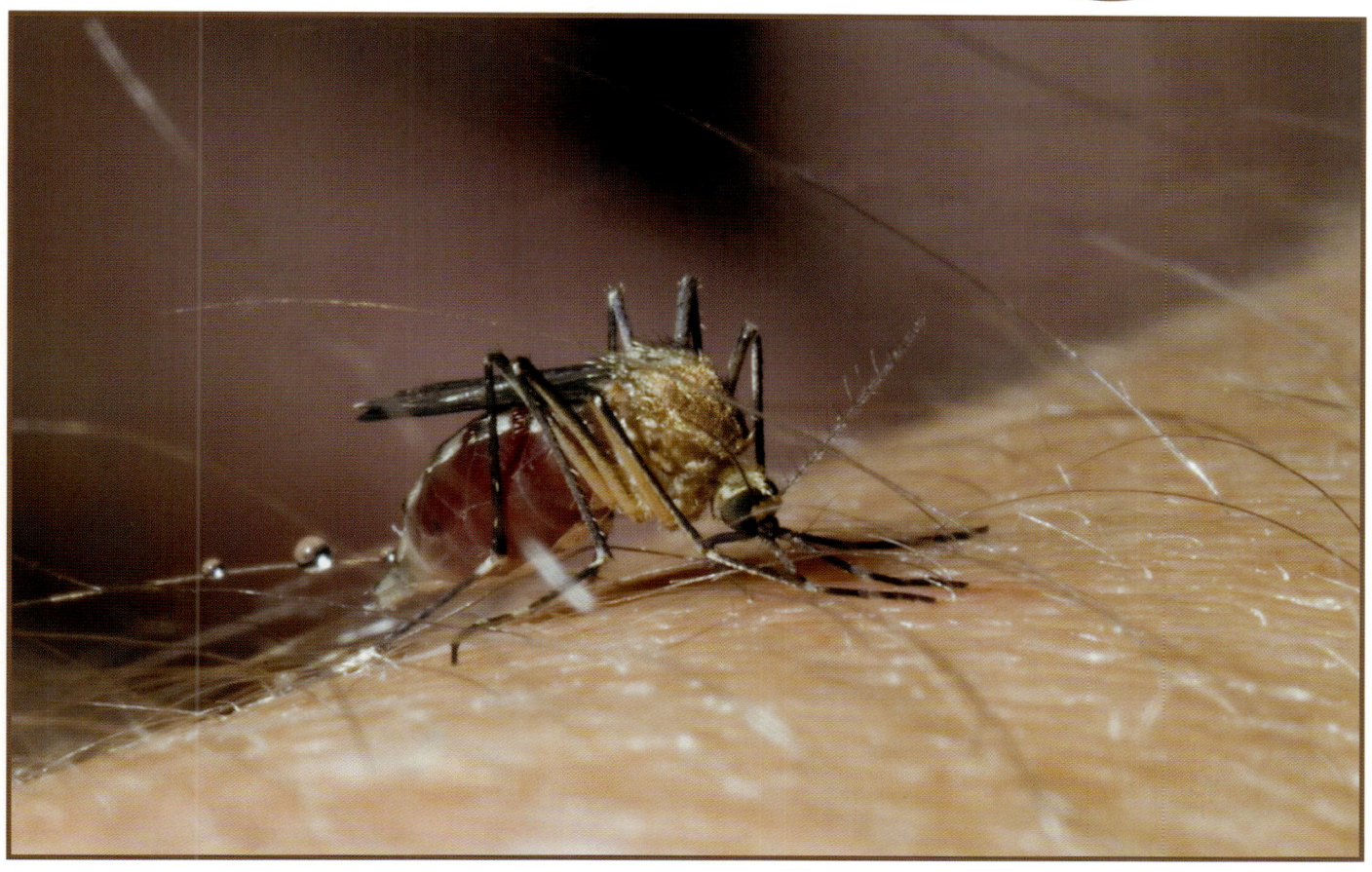

İnsan derisini delen ve kan ile beslenen bir sivrisinek

Avlarını nasıl bulurlar?

Çoğu mikroskobik canlı göremez ama yiyecek bulmak için başka yolları vardır. Avları hareket ettiğinde ortaya çıkan titreşimlere, avlarının nefesine ya da vücut ısısına odaklanırlar.

Bazı mikroskobik canlılar içinde dolaştıkları suyu kurbanlarının içmesini ya da kurbanlarının suyun yanından geçmesini beklerler. Bazılarıysa sineklere ve sivrisineklere bulaşarak avlarına ulaşırlar.

Yavru tahta keneleri çalılara tutunurlar, yanlarından geçen herhangi bir hayvanın vücuduna kendilerini çabucak saplarlar.

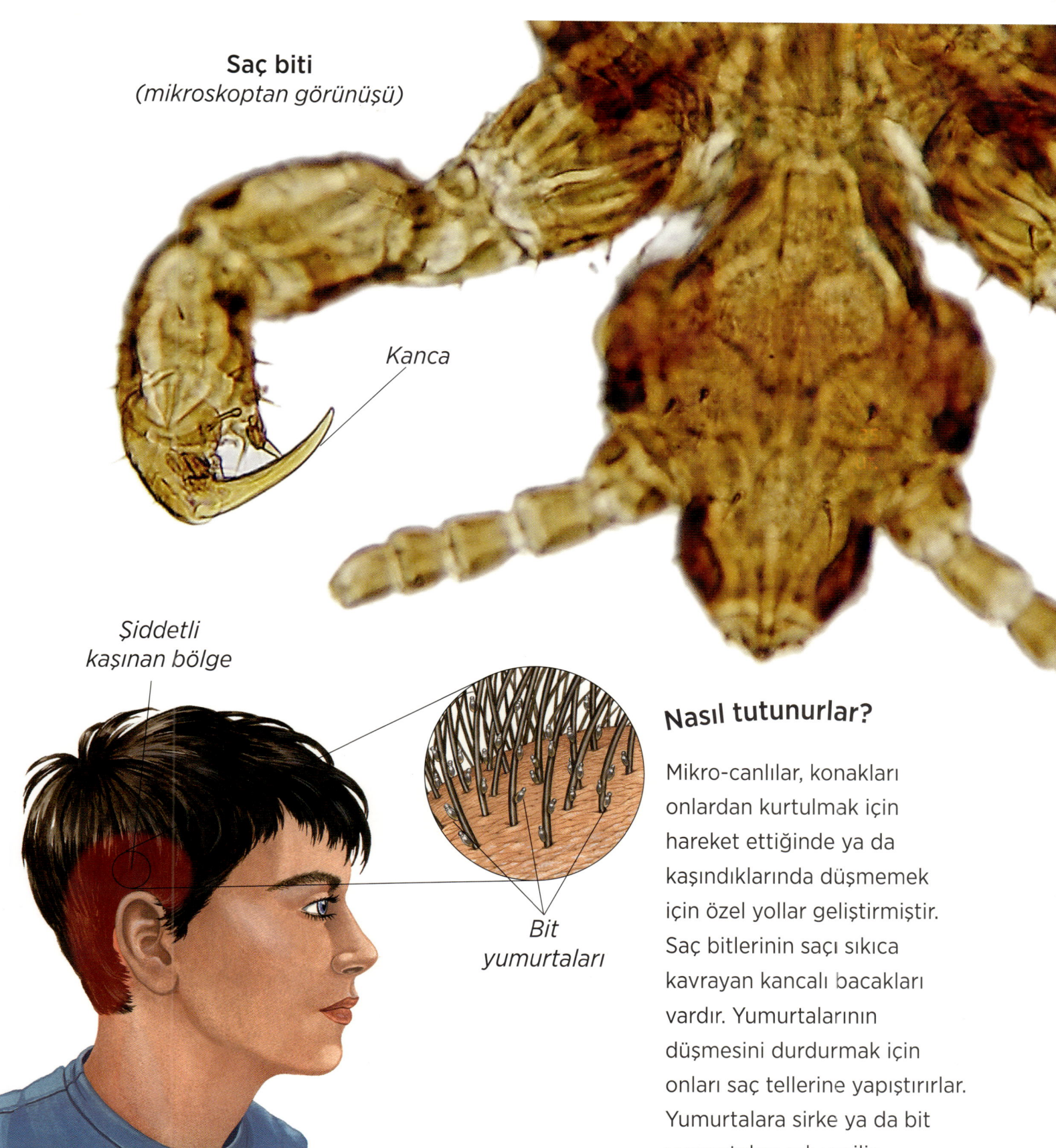

Saç biti
(mikroskoptan görünüşü)

Kanca

Şiddetli kaşınan bölge

Bit yumurtaları

Nasıl tutunurlar?

Mikro-canlılar, konakları onlardan kurtulmak için hareket ettiğinde ya da kaşındıklarında düşmemek için özel yollar geliştirmiştir. Saç bitlerinin saçı sıkıca kavrayan kancalı bacakları vardır. Yumurtalarının düşmesini durdurmak için onları saç tellerine yapıştırırlar. Yumurtalara sirke ya da bit yumurtaları adı verilir.

Mikro-canlılar bitkilere ne yapar?

X-ışını görüntü

Yandaki sayfayı ışığa tutun ve derinin altında ne olduğunu görün. İçinde ne olduğunu görün.

Mikroskobik canlılar miniciktirler ama bitkilere zarar verebilir hatta onları yok edebilirler. Bir milimetreden daha kısa uzunluktaki kirpikkanatlı adlı böcekler bitkilere delikler açar ve bitki özünü emerler. Böcekler ve diğer canlılar tarafından açılan delikler bitkilere daha fazla zarar veren virüs, bakteri ve mantarların da içeri girmesine neden olurlar.

Örümcek akarları, bitki özleriyle beslenen küçük eklembacaklılardır. Binlerce akar, bitki özlerini o kadar fazla emer ki bitkinin yaprağı sarıya döner ve kırılır. Besin yapmak için yeterince yaprağı kalmayan bitkiler de ölür.

Kenya, Afrika'dan bir kırmızı örümcek akarı

Kirpikkanatlılar

Larva nedir?

Pire gibi minik böceklerin yumurtaları çatladığında, ortaya çıkan solucan benzeri canlılara **larva** adı verilir.

Larva bir süre büyür ve sonra kendini sert bir kılıfla kapatır ya da bir koza örer. İçeride yetişkin bir böceğe dönüşecek olan **pupa** haline gelir. Karides, yengeç ve ıstakoz gibi bazı deniz canlıları da yaşamlarına mikroskobik larvalar olarak başlarlar.

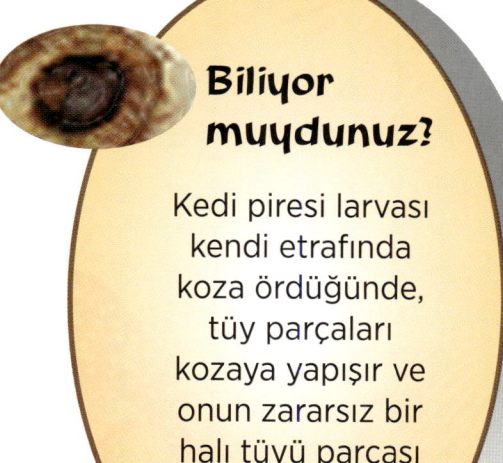

Biliyor muydunuz?

Kedi piresi larvası kendi etrafında koza ördüğünde, tüy parçaları kozaya yapışır ve onun zararsız bir halı tüyü parçası gibi görünmesini sağlar.

Solunum tüpü — *Su yüzeyi* — Larva — Larva — Pupa

Sivrisinek larvaları ve pupası

Mikroskobik canlılar bizim için faydalı olabilir mi?

Mikroskobik canlıların tamamı kötü **haşereler** ya da bir hastalık sebebi değildir. Bazıları faydalı olabilir. Bitkilere zarar veren haşerelerin üstesinden gelmenin bir yolu kimyasallar yerine küçük sinekler ve eşek arıları gibi canlılarla müdahale etmektir. Canlıların bu biçimde kullanılmasına 'biyolojik kontrol' adı verilir.

Eşek arıları bize nasıl yardım edebilir?

Encarsia formosa adı verilen küçük eşek arısı (sadece 0,6 mm uzunluğundadır) seralarda yaşayan ve beyazsinek olarak adlandırılan haşereleri kontrol etmek için kullanılır. Eşek arıları yumurtalarını beyazsineklerin içine bırakır. Yumurtalar çatladığında, tırtıllar canlı beyazsinekleri yer!

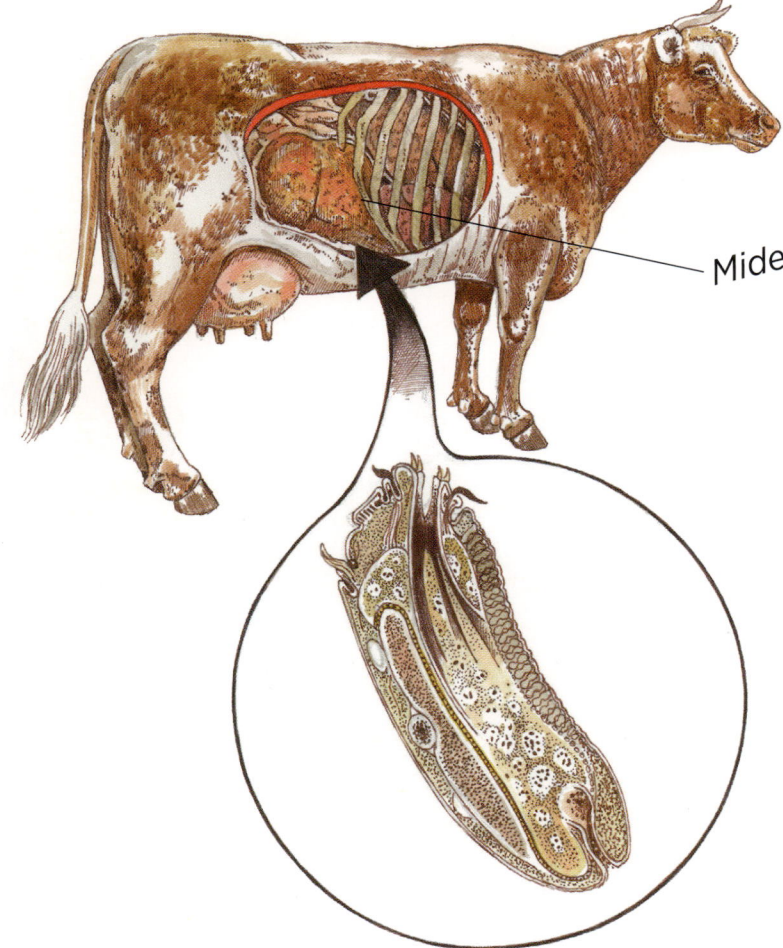

Mide

Diplodinium ecaudatum
(kesit görünüşü)

İnekler mikroskobik canlılardan nasıl faydalanır?

İnekler selüloz adı verilen bir madde içeren birçok otu yer. Hayvanların çoğu selülozu sindiremez ama ineğin midesindeki bakteri ve protozoa, selülozu inek için sindirir. Bu hayati görevi yapan protozoalardan birisinin adı *Diplodinium ecaudatum*'dır.

> **Biliyor muydunuz?**
> Sümüklü böcekler, yuvarlak solucan adı verilen mikroskobik solucanlarla kontrol edilebilir. Solucanlar sümüklü böceklerin içinde çoğalır ve onları içeriden öldürür.

Bir haşere olan bu domates kurdunun üzeri eşekarısı kozalarıyla kaplı. Kozalarından kurdun içine çıkacaklar, onu içten dışa yiyerek gidecekler.

Mikroskobik gerçekler

Akarlar bilinen en yaşlı canlılar arasındadır. 400 milyon yaşında olan akar fosilleri vardır. Bilinen 45.000'den daha fazla akar türü var, ancak bilim insanları keşfedilmesi gereken daha çok tür olduğunu düşünüyor.

Bir yatak üzerindeki şiltenin içinde yaşayan toz akarı sayısı 10 milyona kadar çıkabilir! Yarım çay kaşığı tozda 500 tane toz akarı olabilir.

Bir böcek pupası hareket edemez. Avcılardan kaçamaz, bu yüzden larva pupaya dönüşmeden önce kendisini saklar. Pupalar çevrelerine uyum sağlamak için sık sık renk değiştirir ya da gizlenir, bu yüzden onların yerini bulmak zordur.

Bir pirenin vücudu uzun ve zayıftır. Bu, pirenin bir hayvanın kürkünün, saçlarının ya da tüylerinin arasına sığmasını kolaylaştırır.

Bir pire yumurtalarını bıraktıysa ve yumurtadan çıkan pirelerde çoğalmayı sürdürürse, sadece bir ayda 10.000 pire olacaktır!

Bir kenenin ön iki bacağının her birine Haller organı adı verilir. Bu organ ısıyı ve karbondioksiti hisseder. Keneler karbondioksiti dışarı veren, sıcakkanlı hayvanlarla beslenir. Haller organı, kenelerin karbondioksitin izini sürerek avlarını bulmasını sağlar.

Kenelerin bazılarının yaşam döngülerinin bir sonraki aşamasına geçebilmeleri için kan emdikten sonra başka konaklar üzerine geçmeleri gereklidir.

Keneler insanlara, evcil hayvanlara ve yabani hayvanlara çeşitli hastalıkları yayabilirler. Bu hastalıklardan birisi Laym hastalığıdır. Laym hastalığı eklem ve kas ağrısına ve şişkin bezelere sebep olur. Bazı durumlarda çok ciddi bir hastalıktır.

Deriniz kesilip kanadığında, kanama kısa bir süre içinde durur. Kan koyulaşır ve kesiği kapatan bir pıhtı halini alır. Buna pıhtılaşma denilir. Bir pire ya da kene deriyi ısırdığında, antikoagülan adı verilen bir madde verir. Bu madde kanın pıhtılaşmasını durdurur, böylece kan akışı devam eder ve pire ya da kene beslenmeye devam edebilir.

Plankton

Sözlük

Akar Örümcekgillerden sekiz bacaklı küçük bir canlı.

Avcı Diğer canlıları öldüren ve yiyen bir canlı.

Böcek Altı bacağa ve bir dış iskelete sahip küçük bir hayvan.

Dış iskelet Bir canlının dışını kaplayan iskelet.

Dokunaçlar Böceğin ya da başka bir küçük canlının başındaki dokunma ve tatmayı sağlayan antenler.

Eklembacaklı Sekiz bacağı olan hayvan. 50.000'den fazla farklı eklembacaklı tür vardır.

Haşere Özellikle insanlara zararlı olan bitki ya da hayvan.

Hücre Bir bitki ya da hayvanın en küçük birimi ya da en küçük yapıtaşı.

Kene Örümceklerle akraba olan, sekiz bacaklı kan emici küçük bir canlı.

Konakçı Bir parazitin üzerinde yaşadığı hayvan ya da bitki.

Koza Bir böceğin pupa evresinde içinde bulunduğu koruyucu kılıf.

Larva Bir böcek yumurtasından çıkan solucan benzeri canlı. Bir süre sonra larva yetişkin bir canlıya dönüşür.

Mikroskobik Çok küçük olduğu için sadece bir mikroskop aracılığıyla görülebilen çok şey.

Mikroskop Küçük nesnelerin görüntülerini büyüterek göstermek için mercekleri kullanan bilimsel bir alet. Özellikle elektron mikroskobu güçlüdür.

Parazit Daha büyük canlılarda yaşayan ve onunla beslenen küçük bir canlı.

Pire Kanatsız kan emici bir böcek, sıcakkanlı hayvanlarda yaşayan bir parazit.

Plankton Deniz, nehir, göl ve göletlerde bulunan suyla sürüklenen küçük bitkiler (bitki plankton) ya da hayvanlar (hayvan plankton).

Protozoa Tek hücreden oluşan bir hayvan.

Pupa Bir böceğin larvadan yetişkin bir böceğe dönüşürken geçirdiği evre.

Sil Bir hücrenin küçük tüy benzeri parçaları. Bazı siller canlının yiyeceği ağzına götürmesi için ileri ve geri hareket eder; bazılarıysa canlının yüzmesine yardımcı olabilir.

Selüloz Bitkilerde hücre duvarının büyük bir bölümünü oluşturan madde.

Tatlısu Deniz suyunun aksine tuzlu olmayan göl ve nehirlerde bulunan su.

Tekerlekli hayvan Suda yaşayan, bir ucunda bulunan ve çırpma hareketi yapan siller nedeniyle dönen bir tekerleğe benzeyen minik bir canlı.

Vakum Uzay boşluğu gibi içinde hava olmayan bir yer.

Dizin

A
Actinosphaerium eichhornii 13
Akarlar 5, 6, 10, 11, 16, 24, 30, 31
Antikoagülan 30
Avcılar 13, 30, 31

B
Beyazsinek 28
Bit 23
Bit yumurtaları 23
Bitki plankton 7, 31
Biyolojik kontrol 28
Böcekler 10, 30

Ç
Çeçe sinekleri 21
Çene 12, 16

D
Dağ kunduzu piresi 17
Dış iskelet 5, 31
Diplodinium ecaudatum 28
Dokunaçlar 11, 31
Domates kurdu 29

E
Eklembacaklılar 10, 24, 31
Elektron mikroskobu 4, 5, 31
Encarsia formosa 28
Eşek arıları 28, 29

F
Fosiller 30

H
Haller organı 30
Hayvan plankton 7, 31
Hystrichopsylla schefferi 17

K
Kan emiciler 13
Kedi piresi 13, 15, 16, 27
Keneler 5, 10, 13, 14, 18, 22, 30, 31
Kırmızı örümcek akarı 24
Kirpikkanatlılar 24, 26
Konakçı 16, 17, 23, 31
Koza 15, 27, 29, 31
Koza akar 16
Köpek pireleri 7, 16, 17

L
Larva 27, 31
Laym hastalığı 30

M
Mikroskop 4, 5, 23, 31

Ö
Örümcek akarlar 24

P
Parazitler 5, 14, 16, 21
Pireler 7, 8, 9, 10, 13, 14, 16, 17, 27, 30, 31

Plankton 7, 31
Protozoa 4, 28, 31
Pupa 27, 30, 31

S
Saç biti 23
Selüloz 28, 31
Sıtma 21
Sıtma paraziti 21
Sil 4, 8, 9, 31
Sivrisinekler 21, 22
Stentor polymorphus 4
Stylonychia mytilus 3, 9
Su akarı 11
Su ayıları 14
Su pireleri 15
Sümüklü böcekler 29

T
Tahta keneleri 22
Tekerlekli hayvanlar 8, 9, 31
Toz akarları 6, 12, 14, 30
Trichocerca tigris 9

U
Uyku hastalığı 21
Uyuz akarları 18, 20

Y
Yumurtalar 14, 20, 23, 27, 28
Yuvarlak solucan 29

Fotoğraflar

ü=üst, a=alt, sol, sağ
fotolia: 5ü, 6, 10, 12, 18, 22, 23, 26
iStockphoto: 5a, 7, 21, 24, 27, 29